Problemas en el zoológico

Nellie Wilder

Smithsonian

Asesoras

Jen Zoon
Especialista en comunicación
Oficina de Comunicación
Smithsonian National Zoo

Amy Zoque
Coordinadora y asesora didáctica de CTIM
Escuela Vineyard de CTIM
Distrito Escolar Ontario Montclair

Créditos de publicación

Rachelle Cracchiolo, M.S.Ed., *Editora comercial*
Conni Medina, M.A.Ed., *Redactora jefa*
Diana Kenney, M.A.Ed., NBCT, *Realizadora de la serie*
Emily R. Smith, M.A.Ed., *Directora de contenido*
Véronique Bos, *Directora creativa*
Robin Erickson, *Directora de arte*
Michelle Jovin, M.A., *Editora asociada*
Caroline Gasca, M.S.Ed., *Editora superior*
Mindy Duits, *Diseñadora de la serie*
Lee Aucoin, *Diseñadora gráfica superior*
Walter Mladina, *Investigador de fotografía*
Smithsonian Science Education Center

Créditos de imágenes: portada, pág.1, © Smithsonian (fotografía de Mehgan Murphy); págs.4–12, pág.13 (superior), pág.14 (inferior), págs.15–16, pág.17 (inferior), págs.18–19, pág.22 (superior), pág.23 (superior) © Smithsonian; todas las demás imágenes cortesía de iStock y/o Shutterstock.

Library of Congress Cataloging-in-Publication Data

Names: Wilder, Nellie, author.
Title: Problemas en el zoológico / Nellie Wilder, Smithsonian Institution.

Other titles: Solving problems at the zoo. Spanish
Description: Huntington Beach, CA : Teacher Created materials, [2020] | Audience: Grades K-1 | Summary: "Things are happening at the Smithsonian's National Zoo! How do keepers take care of it all? They work hard and get creative too!"-- Provided by publisher.
Identifiers: LCCN 2019039074 (print) | LCCN 2019039075 (ebook) | ISBN 9780743925983 (paperback) | ISBN 9780743926133 (ebook)
Subjects: LCSH: Zoo keepers--Washington (D.C.)--Juvenile literature. | National Zoological Park (U.S.)
Classification: LCC QL50.5 .W5518 2020 (print) | LCC QL50.5 (ebook) | DDC 590.73753--dc23

Smithsonian

Teacher Created Materials

5301 Oceanus Drive
Huntington Beach, CA 92649-1030
www.tcmpub.com

ISBN 978-0-7439-2598-3

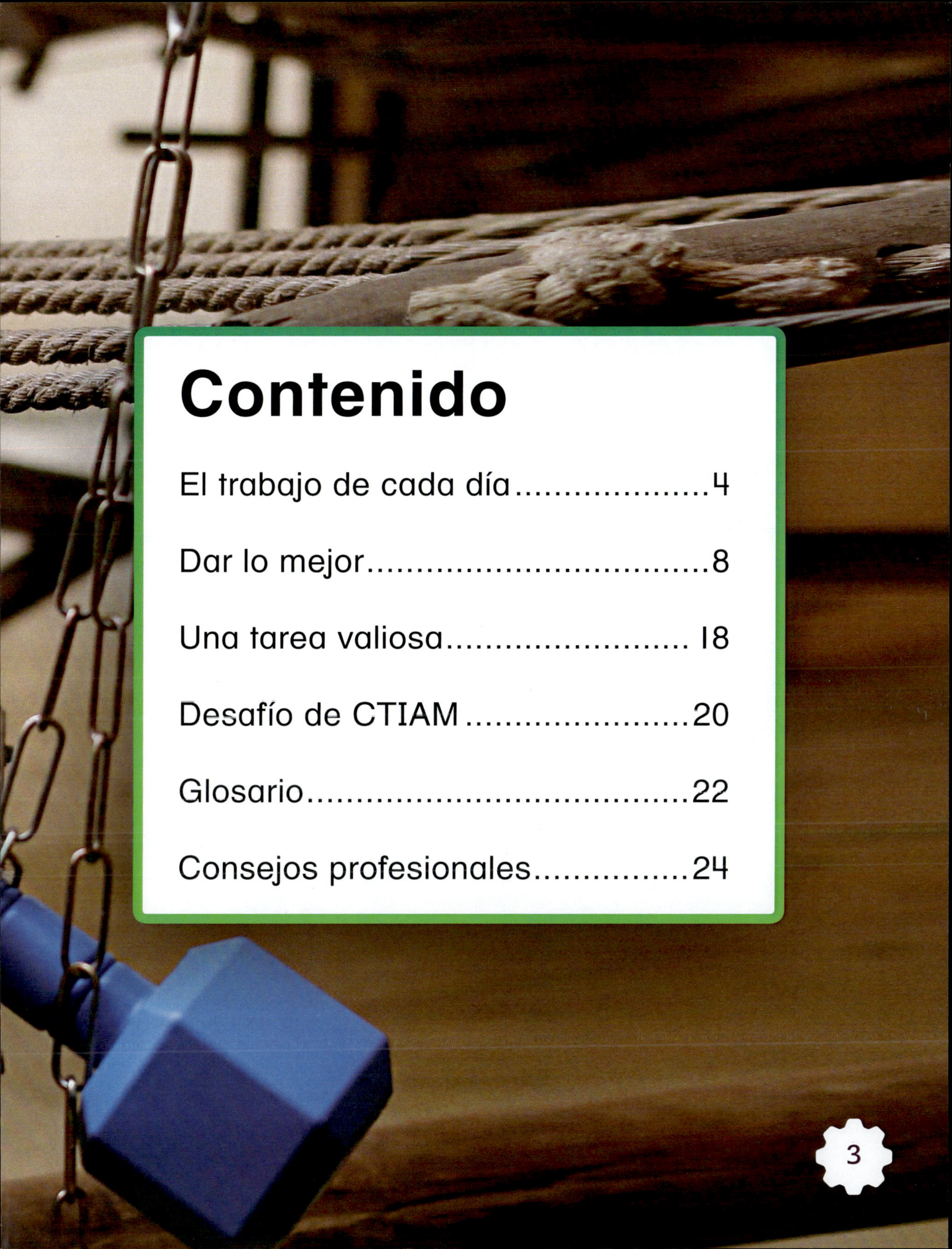

Contenido

El trabajo de cada día.................... 4

Dar lo mejor.................................. 8

Una tarea valiosa......................... 18

Desafío de CTIAM......................... 20

Glosario.. 22

Consejos profesionales................ 24

El trabajo de cada día

¡La vida en el Zoológico Nacional Smithsonian es divertida! Los **cuidadores** trabajan mucho para que así sea.

Los cuidadores le dieron una pelota a este tigre para que jugara.

Unos oseznos juegan en el Zoológico Nacional Smithsonian.

Los cuidadores se ocupan de los animales. Los alimentan. Los protegen. ¡También se aseguran de que se diviertan!

Un cuidador cepilla los dientes de un orangután.

Una cuidadora le da algo de comer a la alpaca que pinta.

Una cuidadora entrena a unos lémures para que se queden de pie mientras ella los estudia.

Dar lo mejor

Los cuidadores enfrentan problemas todos los días. Deben encontrar la mejor manera de hacer su trabajo.

Un cuidador pesa porciones de comida para diferentes animales.

Una cuidadora entrena a una cabra para que toque una pelota y ella pueda revisarla.

Revisar al mono Henderson puede ser difícil. Pero los cuidadores lo entrenaron para que se acerque al ver una pelota. Así se comunican con él.

Una cuidadora le da a Henderson una fresa como premio por haberse acercado.

Ciencias y matemáticas

El punto justo

La **temperatura** de una pecera debe ser exacta. Es lo primero que se revisa cada día. Los animales pueden enfermarse si la temperatura es muy alta o muy baja.

Los cuidadores también revisan a las aves. Golpean un bloque de madera para llamarlas. ¡El sonido les dice a las aves que es hora de desayunar!

Los cuidadores mezclan frutas y gusanos para que coman las aves.

Una cuidadora anota qué aves se le acercan cuando golpea un bloque de madera.

Revisar a los peces puede ser complicado. Un truco es poner **medicamentos** en el agua. Los medicamentos hacen que los peces se duerman.

Los cuidadores ponen medicamentos en el agua para hacer dormir a este pacú.

Estos son arapaimas, como el pez que pusieron en el tubo.

Ingeniería

Un problema espinoso

En 2015, los cuidadores tenían que ayudar a un pez muy grande. El pez podía hacerles daño. Entonces, los cuidadores hicieron cortes en un tubo. El pez se quedó dentro del tubo mientras los cuidadores trabajaban con él.

¡Alimentar a los animales es todo un trabajo! Cada animal tiene su propio alimento y un **horario**. Los cuidadores tienen que conocer el de todos.

Una cuidadora ata verduras a una madera para que el alimento de los peces se hunda.

Tecnología

¡Zas!

Las anguilas eléctricas parecen lisas y blandas. ¡Pero pueden dar una **descarga eléctrica** a los cuidadores! Los cuidadores usan guantes cuando alimentan a las anguilas. Son guantes especiales que los protegen.

Una tarea valiosa

Ser un buen cuidador es un trabajo duro. ¡Pero ofrece muchas recompensas!

Dos cuidadoras revisan a un cachorro de gato pescador.

Un cuidador premia a unas alpacas con rodajas de zanahoria.

DESAFÍO DE CTIAM

El problema

Tú y tu amigo empezaron a trabajar en el zoológico. Deben alimentar a un ave llamada pinzón. Tu tarea es construir un sombrero que sirva para atraer a las aves. ¡Uno de ustedes usará el sombrero mientras el otro revisa al ave!

Los objetivos

- Diseña un sombrero que puedas usar y que al mismo tiempo contenga una cucharada grande de alimento para aves.
- Diseña un lugar en el sombrero para que el ave se pose y coma.
- Diseña un sombrero que sea lo suficientemente fuerte para soportar el peso del alimento y de una moneda, que representará al pinzón.

1 Investiga y piensa ideas

¿Qué comen los pinzones? ¿Cuánto pesa un pinzón? ¿Qué moneda pesa más o menos lo mismo?

2 Diseña y construye

Dibuja tu plan. ¿Cómo funcionará? ¿Qué materiales usarás? ¡Haz tu sombrero para atraer a las aves!

3 Prueba y mejora

Pon alimento para aves en el sombrero. Agrega la moneda. ¿El sombrero soportó el peso? ¿Algo se cayó? ¿Puedes mejorar tu diseño? Vuelve a intentarlo.

4 Reflexiona y comparte

¿Cuántos pinzones podrías alimentar al mismo tiempo con tu sombrero? ¿Podrías hacer algo más para que fuera más fácil alimentar y revisar a las aves?

Glosario

cuidadores

descarga eléctrica

horario

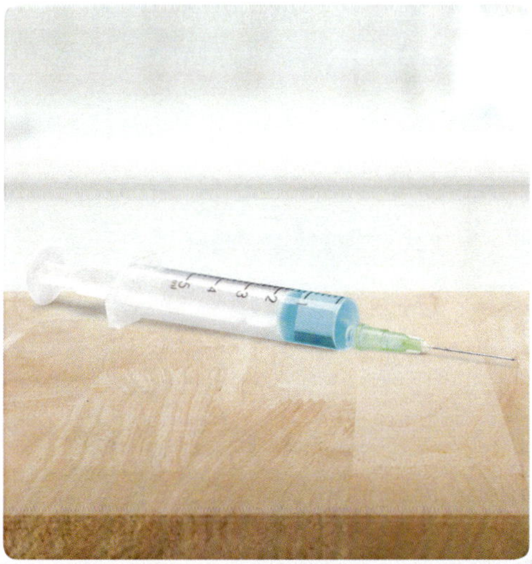

medicamentos

temperatura

Consejos profesionales
del Smithsonian

¿Quieres ser cuidador?
Estos son algunos consejos para empezar.

"Para ser un gran cuidador debes tener curiosidad. También tienes que trabajar y estudiar mucho".
—Ashton Ball, cuidadora de mamíferos pequeños

"Cuando era joven, me enamoré de los orangutanes. Quería enseñarle a la gente sobre ellos y cómo podemos salvarlos. ¡Así que estudié para ser cuidadora!".
—Kara Ingraham, cuidadora de mamíferos pequeños